L'observateur dans l'espace physique

Tree shadows on snow. Original is colour.
Ashley Reilly-Roe

Peter D. Geldart
membre, RASC

Traduit de l'anglais par
Translated from English by
Google Traduction

L'Observateur dans l'espace physique

Peter D. Geldart
Membre RASC
geldartp@gmail.com

4 600 mots
38 pages
10 x 15 cm

Arial 8
Courier New 14
Times New Roman 11

Couverture :
Ombres d'arbres sur la neige. Peinture d'Ashley Reilly-Roe.
https://www.alishareilly-roe.ca

Petra Books
Ottawa (Ontario), Canada
613-294-2205

Traduit de l'anglais par
Translated from English by
Google Traduction

Sommaire

Introduction

Ma perception du monde physique est égocentrique. Au gré de mes déplacements, les scènes changent, les objets apparaissent et disparaissent de mon champ de vision ; la lumière du soleil ou de la lune se reflétant sur l'eau me suit ; les ombres des arbres s'étendent de part et d'autre de moi (voir couverture). Ma vision de toute chose semble centrée sur moi, l'observateur.

Tout être vivant doté d'yeux est un récepteur passif de la lumière environnante. Un rayonnement omniprésent imprègne notre monde tridimensionnel, une sorte de brouillard diffus, tandis que simultanément, nous percevons des points, des objets et des surfaces distincts et nets (en ce sens qu'ils possèdent des identités propres) selon l'angle de vue. L'environnement visualisé tout entier émane d'un point de fuite à l'horizon et semble se focaliser sur chaque observateur.

Dans cet essai, j'aborde la loi de l'inverse du carré de Newton, décrite pour la première fois dans ses Principia de 1687.[1], et considérons les idées exposées dans *Concepts of Space. The History of Theories of Space in Physics* de Max Jammer (1957). La lumière du soleil imprègne mon environnement et son intensité diminue avec la distance (loi de l'inverse du carré de la distance). Je m'interroge donc sur la raison pour laquelle les corps célestes et les réflexions spéculaires locales apparaissent si intenses et concentrés. Si différentes géométries de l'espace (euclidienne, hyperbolique, sphérique-elliptique) coexistent, la lumière peut suivre une trajectoire courbe jusqu'à l'observateur.

Supposons que la réalité physique existe, qu'il y ait ou non des êtres vivants et des observateurs. Pour survivre, nous avons évolué pour être sensibles au spectre visuel grâce auquel nous créons les couleurs, les formes et la perspective, uniquement à partir des longueurs d'onde de la lumière. Que pouvons-nous découvrir sur la réalité en examinant les formes de l'espace physique ?

---

1 *Philosophiæ Naturalis Principia Mathematica.* Isaac Newton. (Latin, 1687): https://la.wikisource.org/wiki/Philosophiae_Naturalis_Principia_Mathematica
The Mathematical Principles of Natural Philosophy. Isaac Newton. 1st English edition 1729: https://en.wikisource.org/wiki/The_Mathematical_Principles_of_Natural_Philosophy_(1846)

Un brouillard amorphe

La centralité de l'observateur est évidente à des distances astronomiques : des télescopes largement séparés et focalisés sur Jupiter ont chacun une image précise similaire même si la lumière jovienne réfléchie se disperse dans une large bande vers le système solaire interne.

De même, la lumière du Soleil est isotrope, émergeant dans toutes les directions, atteignant toute la face de notre planète et je la vois directement et indirectement réfléchie par les objets et les surfaces ou réfractée par les gaz et les liquides. Les ondes lumineuses sont capturées sous forme de photons dans mon œil et je vois – ou conçois – des objets et des bords discrets. Jammer:[2] "*the amorphous manifold of our sensations*" (p 134) L'organisation du monde s'effectue par la représentation des formes dans l'esprit. La lumière du Soleil se propage de manière isotrope dans une sphère, pourtant nous percevons un disque ; il en va de même pour les étoiles, pourtant nous voyons une source ponctuelle. La lumière réfléchie par tout corps du système solaire émerge sous forme d'un cône diffus, pourtant chaque observateur perçoit ces objets distinctement,

---

2 Jammer, Max. *Concepts of Space. The History of Theories of Space in Physics.* Cambridge: Harvard University Press, 1957. https://archive.org/details/conceptsofspaceh0000jamm_r4r4

et non comme un brouillard informe. Bien sûr, si tel était le cas, parler de vision n'aurait aucun sens.

Il y a quelque chose dans l'acte d'observation qui confère une netteté particulière aux contours, aux détails et aux nuances de chaque point perçu par mon regard. J'ai un objet loin à ma gauche, un autre à une distance différente à ma droite, et peut-être un astre dans le ciel. En effet, tous les points de la scène semblent avoir une « ligne directe » vers moi, l'observateur, dans l'espace tridimensionnel.

Imaginez-vous sur une plage, face au soleil couchant. Je vois un reflet filant dirigé vers moi, qui me suit dans mes mouvements et se fixe à l'horizon, directement sous le soleil. D'autres voient des reflets similaires. Mon ombre est juste derrière moi, tout comme celle des autres. Je vois leurs ombres légèrement évasées : si je regardais le soleil dans une forêt, les ombres des arbres s'étendraient à ma gauche et à ma droite, partant d'un point de fuite à l'horizon, devant moi. Chacun de nous est son propre point de focalisation ; l'environnement tout entier semble émerger d'un point de fuite à l'horizon, se propageant latéralement.

Nous percevons notre environnement éclairé par une lumière diffuse, ponctuée de réflexions spéculaires occasionnelles (d'intensité variable, de faible à forte), sans oublier les sources artificielles telles que les phares, ainsi que les principaux corps célestes (Soleil, Lune, planètes, étoiles). En effet, nous voyons les surfaces et les objets comme des entités distinctes dont l'aspect et la taille apparente changent selon nos mouvements ; nous pouvons vérifier leur existence par la mesure et l'action. Le rayonnement réfléchi, d'amplitude et de fréquence complexes et variables, nous permet de percevoir les surfaces, les objets, les distances, les couleurs et les textures, autant de constructions mentales issues de l'interprétation des seules longueurs d'onde du spectre visible.

L'inverse du carré

Rien n'est plus fondamental à notre expérience que de percevoir les choses sous différents angles au fil de nos déplacements, et que de constater que notre environnement semble se rétrécir vers l'horizon. Dans un ouvrage sur le dessin et la perspective.[3] Cole dit : "*Two lines go from the object nearby (broader) to a vanishing point on the horizon, literally a point.*" Les peintres paysagistes apprennent à représenter les nuages qui diminuent de taille et se resserrent avec la distance.

3 Cole, Rex Vicat. *Perspective*. Seeley, Service & Co., London, 1941. https://openlibrary.org/books/OL24154096M/Perspective

La vitesse à laquelle les objets semblent diminuer de taille avec la distance obéit à la loi de l'inverse du carré de la distance, formulée par Isaac Newton (1643-1727) pour décrire la diminution de l'attraction gravitationnelle avec la distance dans sa théorie de la gravitation. Cette loi s'applique également à divers phénomènes tels que l'intensité du son et de la lumière. Cela s'explique par le fait que le volume sphérique de l'espace tridimensionnel augmente lorsqu'on s'éloigne de la source..[4]

> *Any point source which spreads its influence equally in all directions without a limit to its range will obey the inverse square law. ... The intensity of the influence at any given radius r is the source strength divided by the [surface] area of the sphere. Being strictly geometric in its origin, the inverse square law applies to diverse phenomena. Point sources of gravitational force, electric field, light, sound or radiation obey the inverse square law.* [5]

---

4 https://larrygerber.substack.com/p/why-the-inverse-square-law-is-geometry

5 Nave, R., Dept. Physics and Astronomy, Georgia State University.

Max Jammer[6] (p 175)) cite Emmanuel Kant (1724-1804) qui dit "*every point [on the surface of the sphere] affected becomes a proportional part of the total effect*". Selon la loi de l'inverse du carré, l'intensité diminue avec le carré de la distance (la surface d'une sphère étant proportionnelle au carré du rayon).

Jammer considérait que la loi de l'inverse du carré impliquait que l'espace physique était tridimensionnel, car l'intensité décroît comme dans une sphère en expansion. Cette loi peut être illustrée par les schémas suivants.

Figure 1 (page suivante). Loi de l'inverse du carré de la distance, d'après un diagramme de R. Nave. http://hyperphysics.phy-astr.gsu.edu/hbase/vision/isql.html#c1

Avec ajouts de l'auteur : le trait pointillé épais pointant vers l'observateur indique qu'il voit un objet net, comme une étoile, aligné avec la source, et non un rayonnement diffus à large angle, comme on pourrait s'y attendre pour une source à rayonnement isotrope.

---

6 Jammer, Max. *Concepts of Space. The History of Theories of Space in Physics.* Cambridge: Harvard University Press, 1957.

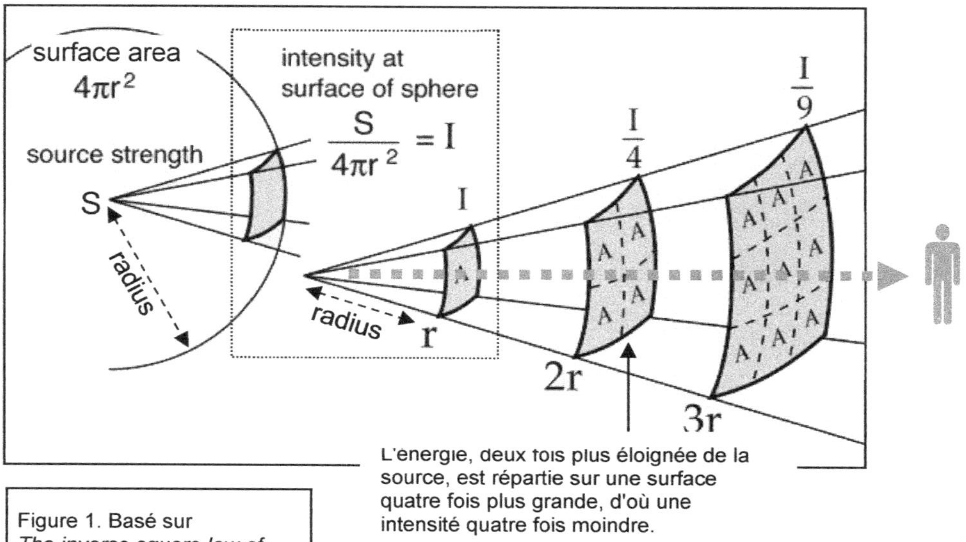

Figure 1. Basé sur *The inverse square law of radiation* (c) R. Nave.

Une autre façon de se représenter la loi de l'inverse du carré est illustrée ci-dessous.

A plot of the drop of sound intensity according to the inverse square law emphasizes the rapid loss associated with the inverse square law. R. Nave.[7]

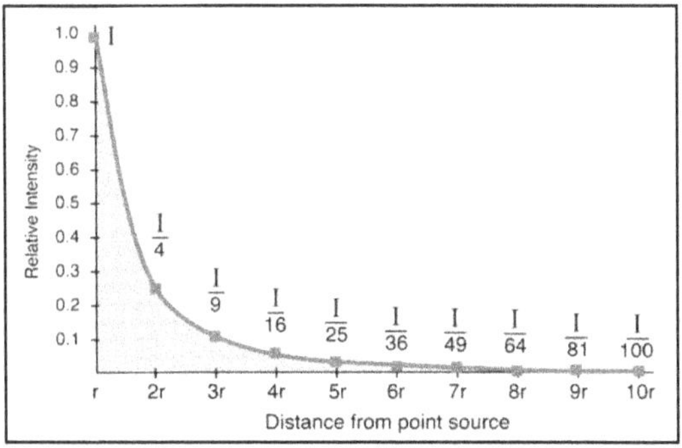

Figure 2. Graphique illustrant la loi de l'inverse du carré appliquée au son. (c) R. Nave.

7 http://hyperphysics.phy-astr.gsu.edu/hbase/Acoustic/invsqs.html#c2

Concepts d'espace physique

La loi de l'inverse du carré implique que l'espace physique est tridimensionnel, car l'intensité diminue avec la distance à la source, conformément à l'expansion d'une sphère. Intuitivement, c'est ainsi que nous concevons l'espace qui nous entoure, contenant les objets et les paysages de notre environnement, localisés par les coordonnées x, y, z. Historiquement, comme l'a montré Jammer, le débat a porté sur la question de savoir si l'espace physique de l'expérience devait être appréhendé par les axiomes géométriques classiques d'Euclide ou par une géométrie non euclidienne, telle que la géométrie hyperbolique ou elliptique sphérique, et si l'espace est tridimensionnel ou à n dimensions. La forme de l'espace pourrait, en théorie, prendre trois formes :

1. Euclidienne = courbure nulle (0)
2. Hyperbolique = courbure négative (-1)
3. Elliptique sphérique = courbure positive (+1)

Ces formes d'espace sont des conceptions idéales supposant un espace vide, alors qu'en pratique, la forme de l'espace dépend de la distribution de la matière et de l'énergie qu'il contient. Ces géométries peuvent être logiquement et mathématiquement cohérentes, mais reflètent-elles réellement la réalité ? Jammer souligne que nous pouvons postuler n'importe quelle géométrie qui nous convient lors de nos mesures et expériences.

Ces géométries sont "*a priori judgements transcending reason and experience.*" (Jammer p 161), Autrement dit, ces concepts peuvent être étayés par l'expérimentation et l'observation, mais n'en découlent pas, tandis que la mesure du mouvement, par exemple, est a posteriori. Les effets d'un concept a priori doivent être mesurés et vérifiés a posteriori dans le monde physique réel.

En fin de compte, tous les concepts que nous utilisons pour décrire ce que nous observons sont des constructions de notre imagination. Ils peuvent fonctionner et être confirmés par l'expérimentation, mais ne reflètent pas nécessairement la véritable physique de la réalité. Comment le savoir ? Jammer (p. 146) suggère que les concepts géométriques eux-mêmes n'impliquent pas la vérité objective, qui ne peut être approchée que par l'expérience et l'observation. L'espace physique est-il réellement tridimensionnel (le temps étant quadridimensionnel) ou n'est-il tridimensionnel que phénoménologiquement, une nécessité de la conscience humaine ? Il peut exister une dimensionnalité différente dans le monde objectif réel et dans le monde phénoménal subjectif, avec une correspondance fonctionnelle existante entre les deux.

L'évêque Berkeley (1685-1753) pensait que "*distances, sizes, figures etc. are not seen but inferred in the mind.*" (Jammer p 133), Gauss (1777-1855) considérait la tridimensionnalité de l'espace comme une caractéristique de la conscience humaine et non de l'espace physique.

Jammer rappelle que le concept newtonien d'espace absolu et fixe "*triumphed on all fronts*" tandis que Kant "*was one of the first for whom the three-dimensionality of space became a problem in physics*". Pour Newton et un certain temps après lui, il n'y avait d'autre choix que de supposer que l'espace était euclidien. Jammer, p. 162 : Présentation de Schwarzschild en 1900 sur l'espace physique à l'échelle astronomique. [8] Il en conclut que si l'espace était hyperbolique, son effet serait mesurable sur une distance de 64 années-lumière, et s'il était sphérique-elliptique, sur une distance de 1 600 années-lumière. Dès lors, tout ce qui se situe à l'échelle humaine ou aux distances du système solaire serait, en pratique, euclidien.

Ce cheminement avait commencé avec le cinquième postulat d'Euclide, controversé, relatif

---

8 Traduction de l'article de Schwarzschild *On the Permissible Numerical Value of the Curvature of Space*: https://zelmanov.ptep-online.com/papers/zj-2008-06.pdf

aux droites parallèles.[9] (Jammer p 143). "*Space as conceived by Newton proved to be an illusion*". (Jammer p 171) … La géométrie non euclidienne, fondée sur la notion riemannienne de variété à n dimensions, entra en jeu, et l'expérience de Michelson-Morley [10] de 1887, qui ne parvint pas à détecter l'éther (une substance imaginaire imprégnant tout l'espace), servit de base. "*as the starting point for the development of the theory of relativity.*" Un concept d'espace non absolu et la variété n-dimensionnelle de Riemann ont émergé, dans lesquels les objets sont considérés comme des champs. Les variétés et les matrices décrivent l'espace physique ; il ne s'agit pas d'un espace métrique mesurable délimité par un système de coordonnées x-y-z. Maxwell (1831-1879) :

> *As there is nothing to distinguish one portion of time from another except the different events which occur in them, so there is nothing to distinguish one part of space from another except its relation to the place of material bodies. We cannot describe the time of an event except by referring to some other event, or the place of a body except by reference to some other body. All our*

---

9 https://en.wikipedia.org/wiki/Parallel_postulate

10 https://en.wikipedia.org/wiki/Michelson-Morley_experiment

knowledge, both of time and space, is essentially relative. [11]

La pensée philosophique soutenait que le concept d'espace n'était pas absolu, c'est-à-dire qu'il ne permettait pas de localiser les objets par trois coordonnées x, y, z. Il s'agissait plutôt de concevoir les objets comme des champs au sein d'une matrice de relations avec d'autres objets, dont la présence courbe l'espace-temps. L'idée que le mouvement des objets est lié à celui d'autres objets plutôt qu'à un référentiel absolu préfigurait la théorie de la relativité d'Einstein en 1905. Ernst Mach affirmait que le mouvement et l'inertie d'une particule ne dépendaient pas de l'« espace » en soi, mais du centre de masse de l'Univers entier et des mouvements de tous les autres corps. Il estimait donc que les notions métaphysiques, telles que celle d'espace absolu, devaient être exclues de la pensée scientifique. Dès 1914, le concept d'espace absolu dut être abandonné.

A force of gravity was the glue Newton invented to make his naive, Euclidean, space-plus-time model of the Universe approximate reality ... [However] gravitation is the

---

11 J. C. Maxwell, *Matter and Motion*, New York, 1878, p 29 https://archive.org/details/in.ernet.dli.2015.448842/page/n15/mode/2up

geometry (non-Euclidean) of the four-dimensional spacetime within which we and the stars exist. ... [Matter and light] follow geodesics, the straightest possible force-free paths through a spacetime whose geometry is shaped by mass-energy. ... Orbital motion could not be simpler — no forces are involved. [12]

Dans la préface du livre de Jammer [13] Einstein fait remarquer que l'espace géométrique n'est concevable qu'en raison des objets matériels qu'il contient. La lutte pré- et post-newtonienne pour établir le concept d'espace absolu s'est alors trans-formée en lutte pour dépasser ce concept même. Leibniz et Huygens se sont opposés, à juste titre, à l'espace absolu de Newton (et de Galilée). (Jammer p. xv)

La victoire sur le concept d'espace absolu ou sur celui du système inertiel n'a été possible que parce que le concept d'objet matériel a été progressivement remplacé, comme concept fondamental de la physique, par celui de champ.. [14]

---

12 Bishop, Roy. *Orbital Motion*, p28, in The Observer's Handbook, Royal Astronomical Society of Canada, 2026.

13 Einstein, A., En avant dans Max Jammer's, *Concepts of Space. The History of Theories of Space in Physics.* Cambridge: Harvard University Press, 1957.

14 Jammer, Max. *Concepts of Space. The History of Theories of*

La conception moderne de l'espace développée par Faraday et Maxwell le définit comme un champ covariant à quatre dimensions spatio-temporelles, sans besoin de système de coordonnées extérieur.

De la 2D dans de la 3D ?

Dans notre monde tridimensionnel, nous constatons à quel point la lumière peut être précise : réflexion sur une surface lisse, disque du Soleil, Lune, planètes, étoiles. L'observateur perçoit toutes les surfaces, tous les objets et tous les points de l'environnement visible ; ils apparaissent tous comme identifiables au sein d'un monde baigné d'une lumière diffuse. Pourquoi ne s'agit-il pas d'un brouillard informe ? Dans le cas des corps célestes, il est remarquable que leur rayonnement diffus et isotrope donne naissance à un objet distinct.

Un espace tridimensionnel possède trois coordonnées — x, y et z —, correspondant à un axe vertical, un axe horizontal et un axe de profondeur. Le rayonnement, qui comporte des composantes électrique et magnétique perpendiculaires l'une à

Space in Physics. Cambridge: Harvard University Press, 1957. p xv l'autre, nécessite au minimum un tel espace.

Dans un espace à trois dimensions, la loi en carré inverse implique que l'intensité lumineuse diminue assez rapidement ; pourtant, nous percevons une lumière intense et nette provenant de certains objets célestes, sans parler des reflets spéculaires parfois éclatants dans notre environnement immédiat. Jammer estimait que la loi en carré inverse prouvait le caractère tridimensionnel de l'espace physique, car l'intensité y décroît comme elle le ferait à la surface d'une sphère en expansion.

Dans un espace bidimensionnel, tel qu'un plan ou la surface d'une sphère, il n'y a pas de dimension verticale, mais seulement deux coordonnées qui se croisent, x et y (ou a et b). Ce n'est que dans des circonstances extrêmes — par exemple à proximité de la courbure intense de l'espace autour d'un trou noir ou à l'échelle atomique — que l'on pourrait envisager une propagation de la lumière dans un tel espace bidimensionnel.

Dans un espace bidimensionnel, l'intensité diminue proportionnellement à la distance (la circonférence d'un cercle étant proportionnelle à son rayon) ; autrement dit, la diminution est moindre que dans un espace tridimensionnel. En théorie, la lumière serait plus vive, le son plus fort et la courbure gravitationnelle de l'espace plus marquée à mesure que l'on s'éloigne de la source, par rapport à ce que l'on observe dans un espace à trois dimensions.

Au premier abord, il semble impossible que la lumière puisse se propager dans un espace bidimensionnel, car les ondes électriques et magnétiques nécessitent au moins trois dimensions pour se déployer. Gary Knight [15] :

> *"Light obeys the 3-D Maxwell differential equations which don't have a 2-D counterpart. ... it's inverse square all the way when freely radiating; and when it experiences diffuse reflection (as from the surface of Jupiter, or the moon) a transmitted intensity reduction is still greater (the reduction of intensity at a diffuse reflector follows what's called Beer's or Lambert's law). Only specular reflection (as in a mirror, and in the speckles you see on water wavelets on a sunny day) does not reduce the intensity reduction appreciably .... But all these examples of very intense light still do require that there are three dimensions to accommodate the components of both the E (electric) and B (magnetic) fields. ... This*

15 University of Ottawa, Department of Physics. In communication with the author, 2026.

means that even if one could imagine some flat-world which relied on s-polarized light (ignoring for now that the B-field is out of plane), such light could not remain in the plane (ironic though it seems). Again this is because of the all-important B field, without which one only really has electrostatic disturbances that decay according to the telegrapher's equation, and not dynamical electromagnetic waves."

-- G. Knight [15]

Cependant, des ondes concentriques se propageant à la surface plane d'un liquide — là où existe une certaine latitude verticale — peuvent guider la lumière. Eric Mazur [16] étudie les ondes en deux et trois dimensions :

16 Mazur, Eric. *Principles and Practice of Physics*. Chapter 17. https://pleclair.ua.edu/ph105/Slides/Sum16/L23_waves_2D-3D.pdf and https://www.physics.harvard.edu/people/facpages/mazur

- For waves in three dimensions, **intensity** I is defined as

$$I \equiv \frac{P}{A}$$

  - P is the power delivered by the wave over an area A.
  - SI units: W/m^2
- If the power delivered by a point source is P_s, the intensity at a distance r from the source is

$$I = \frac{P_s}{A_{sphere}} = \frac{P_s}{4\pi r^2} \quad \text{(uniformly radiating point source)}$$

- For two-dimensional surface waves, the intensity is

$$I_{surf} \equiv \frac{P}{L}$$

  - SI units: W/m

Slide 17-54

Figure 3. Ondes à deux et trois dimensions. (c) E. Mazur

- The expansion of the circular wavefronts causes the energy per unit length along the wavefront to decrease as $1/r$.
- In Chapter 16 we saw $E_\lambda = \frac{1}{2}(\mu\lambda)\omega^2 A^2$ (Eq. 16.41),
- Therefore, it follows that for waves in two dimensions $A \sim 1/\sqrt{r}$.
  - *e.g., water waves*

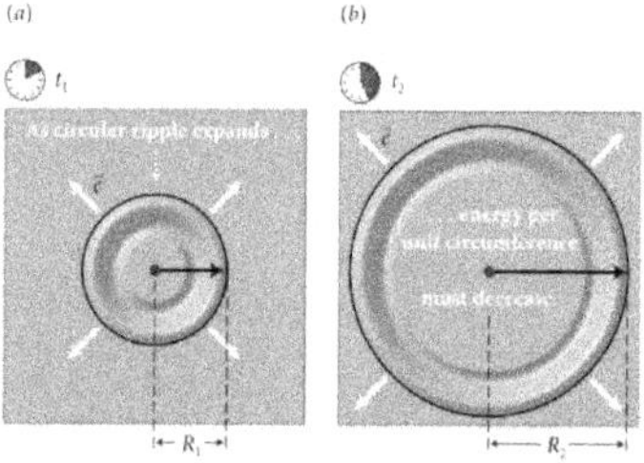

Slide 17-8

Figure 4. Ondes à deux dimensions. (c) E. Mazur

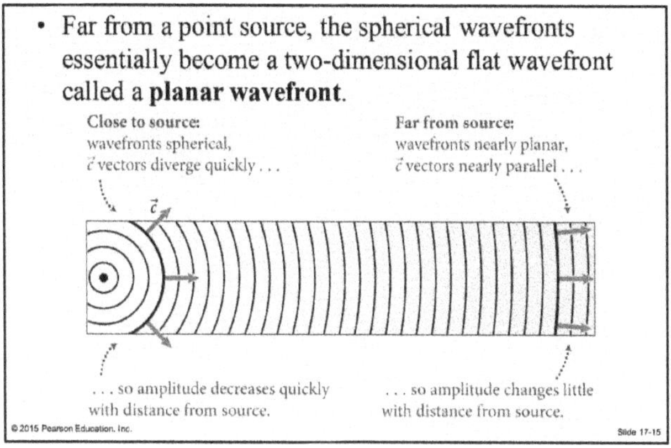

Figure 5. L'amplitude diminue rapidement près de la source, là où les cercles concentriques sont circulaires, et diminue lentement loin de la source, là où les cercles concentriques sont presque parallèles.
(c) E. Mazur

Bernhard Riemann (1826-1866) concevait la surface d'une sphère comme un espace à deux dimensions doté d'une courbure positive constante. Si la lumière se propageait en deux dimensions — c'est-à-dire à la surface d'une sphère au sein d'un espace-temps courbe —, elle ne s'atténuerait pas autant que ce que prédit la loi en inverse du carré dans un espace à trois dimensions. L'augmentation de l'intensité apparente et la concentration de la lumière vers l'observateur peuvent-elles s'expliquer par un espace à deux dimensions ?

Le résumé généré par l'IA du moteur de recherche Google a mis en avant les points suivants (juin 2026) :

- ***Electromagnetic Fields***: *In 3D space, light's oscillating electric and magnetic fields are perpendicular to each other and to the direction of propagation. In a strictly 2D flat plane (e.g., restricted to just the X and Y axes), the oscillation options are limited, meaning the polarization and field orientation act differently than in standard 3D scenarios.*

and

- ***No Energy "Dilution"***: *In our 3D universe, light radiating from a point source spreads out in a sphere, dropping in intensity following the inverse-square law (\(\frac{1}{r^{2}}\)). In a 2D universe, light spreads out in a flat circle, meaning its energy drops linearly (\(\frac{1}{r}\)) over distance. As a result, 2D light travels farther without losing intensity as fast.*

L'observateur est sensible à la lumière qui se propage de manière omniprésente depuis tous les points et toutes les surfaces de son environnement tridimensionnel. Si j'accepte l'hypothèse selon laquelle la lumière peut traverser un espace bidimensionnel — où il existe une certaine latitude —, je le fais avec scepticisme, car expliquer une forte intensité lumineuse en invoquant un espace bidimensionnel semble artificiel. Puis-je affirmer que l'observateur construit son environnement grâce à sa sensibilité à une lumière ayant traversé un espace bidimensionnel inclus dans un espace tridimensionnel ? Dans ce cas, la lumière paraîtrait plus intense, tout en permettant à une lumière diffuse de remplir l'espace tridimensionnel. Les reflets spéculaires marqués dans l'environnement immédiat, ainsi que la clarté et l'intensité de la lumière provenant des corps du système solaire et des étoiles, pourraient s'expliquer par l'existence d'un espace physique bidimensionnel. En deux dimensions, l'intensité lumineuse diminuerait de façon linéaire en fonction de la distance à la source, soit une atténuation moindre que celle régie par la loi en carré inverse en trois dimensions.

Toutefois, je dois conclure que, dans des conditions normales, la lumière ne peut pas traverser un espace bidimensionnel.

Intense et concentré

Dans notre monde tridimensionnel, nous constatons la précision de certaines lumières : la réflexion sur une surface lisse, l'intensité du disque solaire, lunaire, planétaire et stellaire. L'observateur perçoit toutes les surfaces, tous les objets et tous les points de son environnement visible, qui apparaissent tous identifiables dans un monde à la lumière diffuse. Pourquoi pas un brouillard amorphe ? Dans le cas des corps célestes, il est extraordinaire que leur rayonnement diffus et isotrope leur confère une forme distincte. Ceci pourrait s'expliquer, et expliquer pourquoi l'environnement visualisé semble se focaliser sur chaque observateur, par l'invocation de l'espace sphéroïde-elliptique : l'intensité lumineuse y décroît moins qu'avec la loi de l'inverse du carré dans l'espace euclidien. La lumière doit épouser la courbure de l'espace induite par les corps massifs.

Rappelons les trois formes d'espace (voir figure 6) :

1. Euclidien = courbure nulle (0)
2. Hyperbolique = courbure négative (-1)
3. Sphéroïde-elliptique = courbure positive (+1)

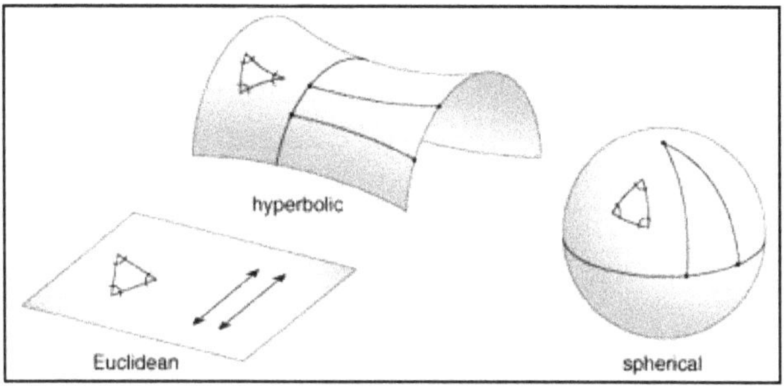

Figure 6. Diagramme des trois formes d'espace à partir de https://www.americanscientist.org/article/the-shape-of-the-universe-ten-possibilities (c) Joey Shapiro, University of Washington Bothell. Illustrator: Tom Dunne.

Rappelons également que l'intensité (I) d'une source lumineuse (S) diminue avec la distance selon la loi de l'inverse du carré. L'intensité de la source est divisée par la surface de la sphère à une distance donnée :

$$\text{Intensité} = \sqrt{(\text{Source} / 4\pi r^2)}$$

Dans l'espace sphérique-elliptique (n° 3), la surface d'une sphère est inférieure à $4\pi r^2$. Comme ce facteur est le diviseur dans la formule et que l'intensité initiale de la source est le dividende, l'intensité à une distance donnée aura moins diminué. Ceci est illustré dans le tableau 1 et la figure 7 ci-dessous.

In this form of space	The curvature is	The surface area of a sphere is	Following the inverse square law, light intensity at a given distance will be ...
Euclidean	0 flat	$4 \pi r^2$	as expected
Hyperbolic	-1 negative	more than $4 \pi r^2$	less than expected
Spherical-Elliptical	+1 positive	less than $4 \pi r^2$	more than expected

Table 1. Showing how the intensity of light at a given distance from the source behaves in three different forms of space. (c): P. Geldart.

Tableau 1. Présentant le calcul de l'intensité lumineuse à une distance donnée de la source dans trois configurations spatiales différentes. (c) P. Geldart

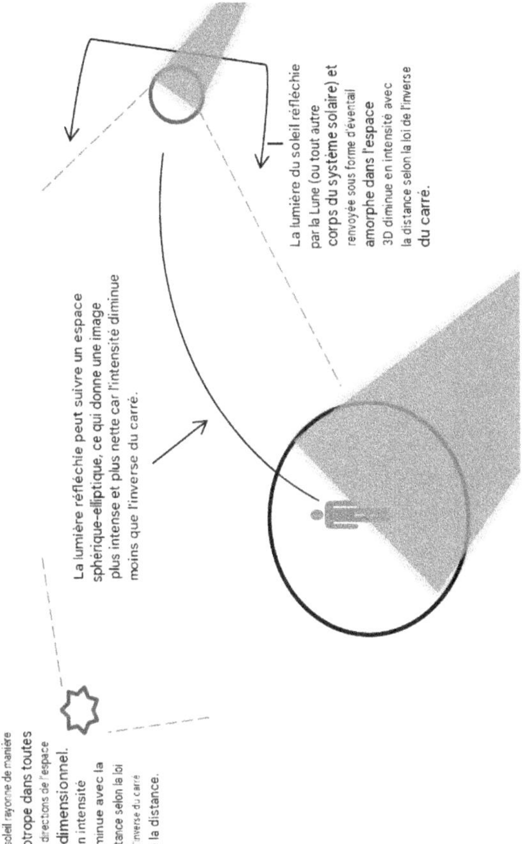

Figure 7. Dans un espace tridimensionnel, la lumière suit une trajectoire sphérique-elliptique vers l'observateur, produisant une image plus intense et plus nette. Schéma de l'auteur. (c) P. Geldart

L'observation de l'éclipse solaire par Eddington [17] Cette expérience a confirmé l'hypothèse d'Einstein selon laquelle la lumière d'une étoile serait déviée par la masse du Soleil ; elle a nécessairement été menée à grande échelle.

À une échelle plus réduite (voir figure 7), la lumière suit la géométrie courbe de l'espace sphérique-elliptique au voisinage de la Terre et de la Lune, et même au-delà de l'horizon terrestre, en direction de l'observateur. Certains phénomènes courants, comme la voûte céleste (le demi-lune diurne pointe légèrement vers le Soleil ; un avion et sa traînée semblent surgir de l'horizon ; les collines ou les montagnes au loin peuvent paraître plus imposantes, tout comme le Soleil et la Lune à l'horizon), peuvent expliquer l'intensité de certaines observations et la netteté apparente de l'environnement visualisé pour chaque observateur.

« L'illusion lunaire », phénomène par lequel la Lune semble plus grande à l'horizon, pourrait ne pas relever d'un simple effet psychologique, mais correspondre à une augmentation réelle de sa taille apparente. Cela pourrait s'expliquer si la lumière provenant de la Lune cheminait à proximité de la courbure terrestre au sein d'un espace sphérique-

17 https://en.wikipedia.org/wiki/Eddington_experiment

elliptique ; dans un tel contexte, la taille (et l'intensité) de l'astre diminuerait moins qu'elle ne le ferait dans un espace euclidien, conformément à la loi en carré inverse.

Conclusion

Notre conception de la forme de l'espace physique repose sur des modèles théoriques a priori, ainsi que sur l'expérience, l'observation et l'expérimentation a posteriori. Différents modèles peuvent fonctionner, qu'ils reflètent ou non la réalité physique. Nous pouvons mener nos activités en supposant un espace euclidien tridimensionnel. Il est intéressant de constater que, d'un point de vue subjectif, l'environnement visualisé semble entièrement centré sur chaque observateur. Nous évoluons dans un monde d'objets et de paysages, du proche jusqu'à l'horizon et au-delà, jusqu'aux distances astronomiques. La lumière du Soleil, de la Lune, des corps du système solaire et des étoiles, ainsi que celle de l'environnement éclairé localement (surfaces, objets, points), semble entretenir une relation directe avec chaque observateur, changeant continuellement selon sa position et son angle de vue.

Tout cela est évident et nécessaire à notre survie. Nous créons notre réalité visuelle de manière phénoménologique, sous forme de formes mentales, la seule entrée étant les longueurs d'onde du rayonnement. Cela ne signifie pas pour autant que les observateurs créent l'existence de la réalité extérieure, qui existe vraisemblablement avec ou sans êtres vivants.

Le Soleil, tout comme les étoiles, rayonne de façon plus ou moins égale dans toutes les directions, et la lumière solaire réfléchie par les corps du système solaire se propage en une bande diffuse et irrégulière. Conformément à la loi de l'inverse du carré de la distance de Newton, l'intensité lumineuse diminue assez rapidement, mais ces objets peuvent apparaître nets et intenses. Ceci pourrait être dû au fait que la lumière atteint l'observateur à travers un espace sphérique-elliptique, dans lequel l'intensité lumineuse diminue moins avec la distance que dans un espace euclidien. Si la lumière suit une trajectoire courbe dans un espace sphérique-elliptique, cela contribuerait à former l'environnement subjectif perçu par chaque observateur.

Glossary

a priori, a posteriori. Les postulats, théories et idées qui sont explicités sans nécessairement recourir à des expériences et des mesures sont dits a priori (avant les faits). Par exemple, la géométrie. Les résultats obtenus à partir d'expériences et de mesures sont dits a posteriori (après les faits). Par exemple, le mouvement.

Euclidien, **hyperbolique, elliptique sphérique.** En théorie, il existe trois formes d'espace physique. (1) L'espace euclidien, ainsi nommé d'après les axiomes de bon sens du géomètre grec Euclide (vers 300 av. J.-C.), est plat. Sur ce plan, la somme des angles intérieurs d'un triangle est égale à 180° et les droites parallèles ne se rencontrent pas. (2) L'espace hyperbolique est concave et en forme de selle : sur une telle surface, la somme des angles intérieurs d'un triangle est inférieure à 180° et les droites parallèles divergent. (3) L'espace elliptique sphérique est convexe : la somme des angles intérieurs d'un triangle est supérieure à 180° et les droites parallèles se rencontrent. Par exemple, sur la carte de la Terre, la surface est sphérique et les lignes longitudinales, parallèles à l'équateur, se rencontrent aux pôles.

Isotrope. Du grec « isos » (égal) et « tropos » (voie), désignant des milieux ou des matériaux dont les propriétés sont uniformes dans toutes les directions. Par exemple, la lumière du soleil se propage dans toutes les directions de manière plus ou moins égale.

Réflexion spéculaire : la lumière se réfléchit sur une surface lisse (une paroi rocheuse, des molécules d'eau) de façon moins diffuse que sur une surface rugueuse. Lorsque l'observateur se trouve à un angle approprié, l'effet peut être très lumineux. Il est intéressant de noter que la ligne scintillante sur l'eau, provoquée par un soleil ou une lune bas sur l'horizon, semble suivre l'observateur.

Ubiquitaire : se dit de choses ou de caractéristiques que l'on trouve presque partout. Par exemple, la lumière du soleil qui éclaire toute la surface de la Terre pendant la journée.

www.ingramcontent.com/pod-product-compliance
Lightning Source LLC
LaVergne TN
LVHW051933051126
851857LV00020B/2084
9781989048764